Bibliographic information published by the German National Library:

The German National Library lists this publication in the National Bibliography; detailed bibliographic data are available on the Internet at http://dnb.dnb.de .

Imprint:

Print and binding: Books on Demand GmbH, Norderstedt Germany
ISBN: 978-3-668-20870-4

This book at GRIN:

http://www.grin.com/ar/e-book/320828/a-survey-on-concepts-of-design-and-executing-of-superframe-rc-earthquake

Kiarash Khodabakhshi

A Survey on concepts of design and executing of Superframe RC earthquake proof Structures

GRIN Publishing

فهرست مطالب

۱- چکیده

ساختمان مسکونی از نظر اسکلت نه تنها باید مقاوم در برابر نیروهای زلزله ساخته شود بلکه باید دارای دوام لازم در مدت زمان پیش بینی شده برای بهره برداری از آن نیز باشد . اگر چه از نظر کارکرد اقتصادی می توان بخش هایی از ساختمان را از مصالح سبک بنا نمود اما اسکلتی که بتواند کارکرد درست داشته باشد معمولا وزن قابل ملاحظه ای از ساختمان را به خود اختصاص می دهد . با افزایش ارتفاع و به تبع آن نیروهای حاصل از زلزله مقاطع باربر ساختمان بسیار بزرگ شده و تکان های ناشی از نیروی زلزله در طبقات فوقانی شدید می شود (شتاب و تغییر مکان های بیشتر از حد مجاز) برای اجتناب از این مسائل روشی تحت عنوان سوپر فریم R.C برای اسکلت ساختمان در کشور ژاپن ابداع شده و به عنوان جدیدترین فناوری به سورد اجرا گذاشته شده است . با توجه به امکان انطباق و اجرای این روش با پتانسیل های موجود در داخل کشور روش سوپر فریم می تواند به عنوان یک روش اقتصادی و فنی جهت اجرای ساختمان ها ی بلند مرتبه در ایران نیز استفاده شود.

یک سیستم سازه ای سوپرفریم همراه با دستگاه های اتلاف انرژی غیر فعال (سوپر RC-سیستم قاب) در برج های بلند مسکونی توسعه داده شده و اعمال می شود .سیستم پیشنهادی از دیواره هایی در هسته ی مرکزی، تیرهای بالاسری که در بالاترین سطح هسته ی مرکزی گنجانیده شده، ستون های بیرونی و دامپر هیدرولیکی که به صورت عمودی بین انتهای تیرهای بالاسری و ستون های بیرونی نصب شده است تشکیل شده است.

در هنگام وقوع زلزله، تیرهای بالاسری و ستون های بیرونی به صورت هماهنگ به صورت از پیش محاسبه شده حرکت می کنند و مانع از حرکت و خم شدن بیش از اندازه ی هسته ی مرکزی سازه می شوند، دمپر های نصب شده نیز در انتقال و کنترل نیروی وارد شده از تیرهای بالاسری به ستون های خارجی نقش به سزایی دارند .

۲- مقدمه

با توجه به قرار گرفتن کشور ما بر روی کمربند زلزله آلپ - هیمالیا سالانه تعداد قابل ملاحظه ای زلزله در آن رخ می دهد . بر اساس آمار موجود تقریبا همه ساله یک زلزله با بزرگی بیش از ٦ ریشتر و در هر چند سال یک زلزله مخرب بزرگتر از ۷ ریشتر در کشور رخ می دهد . این مسئله نشان می دهد که توجه کردن به پایداری ساختمان در برابر زلزله یک ضرورت اصلی است . اگر چه در سالهای اخیر بلند مرتبه سازی در کشور رونق فراوانی یافته است . اما اغلب روش ساخت به صورت سنتی انجام پذیرفته و تنها با بزرگ کردن ابعاد یک ساختمان سنتی دو یا سه طبقه اقدام به ساخت بناهای بیست طبقه و یا بلندتر شده است واضح است که با تکیه بر روش های سنتی نمی توان ساختمان بلندی که در برابر زلزله های مخرب مقاوم باشد ساخت.

حتی اگر کلیه ضوابط آیین نامه زلزله از نظر طراح و محاسبات رعایت شده باشد با اجرای سنتی و دخالت انسان در اجزای مقاوم کننده ساختمان همانند بتن ریزی ها و جوشکاری ها هرگز نمی توان به یک سازه مناسب دست پیدا کرد.

ساختمان حتی اگر در محدوده کوچکی اشکال اجرایی داشته باشد . در زمان وقوع زلزله از آن ناحیه آسیب دیده و خرابی به سایر نقاط سرایت خواهد نمود . فناوری های نو تلاش می کنند تا دخالت انسان را در حین ساختن به حداقل رسانده و با صنعتی کردن اجرا، یک ساختمان همگن و مطمئن بنا نمایند.

یکی از روش های مناسب برای این مهم روش سوپر فریم است که در سال های اخیر به خصوص پس از وقوع زلزله مخرب کوبه در کشور ژاپن ابداع شده و هم اکنون ساختمان های بلند مسکونی زیادی را با آن روش به مورد اجرا می گذارند . در این روش ضمن کاهش مقاطع باربر با پیش ساخته نمودن ستون ها و همچنین کنترل حرکات ساختمان در حین زلزله و جذب انرژی به وسیله

میراگرهای هیدرومکانیکی یک ساختمان مطمئن از نظر رفتار در برابر نیروها و بسیار مناسب برای سکونت ساخته می شود.

در ژاپن، پس از اینکه اولین ساختمان بلندمرتبه توسط این روش و توسط گروه Muto در سال ۱۹۷۳ ساخته شد ساخت ساختمان های بلند مرتبه به کمک این روش مورد توجه انبوه سازان در ژاپن قرار گرفت وتعداد زیادی ساختمان بلند سوپرفریم تا ۳۰ طبقه ساخته شده است .علاوه بر این، در طول این دهه، پژوهش مستمر و مطالعه در زوایا و نکات طراحی و اجرایی این ساختمان ها در جهان بسیار مورد توجه قرار گرفته است.

تحقیقاتی که در این زمینه توسط گروه مهندسی Muto انجام گرفته است نشان می دهد که هزینه های ساخت یک ساختمان ۵۰ طبقه با استفاده از روش سوپرفریم با همان مقاطع ستون و تیر بتنی با یک سازه ی ساخته شده از دهانه های بتنی معمولی برابری می کند.

با توجه به مقاومت بالا و و قابلیت بالای جابجایی در تیرها و ستون های مورد استفاده در این نوع سازه ها در هنگام وقوع زلزله و رفتار غیر الاستیک آن ها این نوع سازه ها معمولاً مقاومت بیشتری در برابر زلزله نسبت به سازه های معمولی ساخته شده از بتن از خود نشان می دهند.

در سال های اخیر، به دلیل نیاز به انعطاف پذیری در طراحی معماری، عناصر باربر در ساختمان برای ایجاد فضای بدون ستون به قسمت وسط سازه و در کناره های چاله آسانسور و راه پله ها منتقل شده اند و برای ساختمان های بلند مسکونی، دیوارهای بتن در اطراف چاله آسانسور ها به عنوان دیوار برشی برای انتقال بار ساختمان مورد استفاده قرار گرفته اند. اگرچه به دلیل کمبود سختی جانبی در هنگام وقوع زلزله در طبقات بالایی برج تغییر مکان های زیاد و خارج از عرف را شاهد خواهیم بود.

علاوه بر این کنترل ارتعاشات در ساختمان های امروزی به امری مهم تبدیل شده است و دستگاه های مکانیکی و سیستم های مجازی بسیاری برای کنترل حرکات ساختمان در برابر باد و لرزه ها طراحی شده اند.برای مثال در سال ۱۹۹۵ یک دستگاه میراگر هیدرولیکی با قابلیت پاسخگویی اتوماتیک در برابر ارزش های ساختمان ساخته شده و در بسیاری از ساختمان های بلند مرتبه به کار رفته است.

سازه ی سوپرفریم RC نیز علاوه بر بهره گیری از هسته ی بتنی در وسط ساختمان از تکنولوژی های یاد شده برای کنترل لرزش های ساختمان در هنگام وقوع زلزله بهره مند است. استفاده از این سیستم های مکانیکی و مجازی می تواند ضعف کمبود سختی جانبی در طبقات را در این نوع سازه ها پوشش دهد و به بهره بردار امکان داشتن فضاهای بدون ستون با مساحت زیاد را حتی در مناطق به ریسک زلزله ی بالا را بدهد.

۳-اجزای اصلی تشکیل دهنده ی سازه ی سوپرفریم

با تشریح اسکلت یک ساختمان اجرا شده به روش سوپر فریم می توان به نحوه کارکرد آن پی برد بخش های باربر ساختمان از شش جزء تشکیل شده است. این اجزای را می توان به صورت زیر تشریح نمود:

۳-۱-سوپروال

سوپر وال یا دیوار برشی مرکزی هسته اصلی باربر نیروهای قائم و به خصوص نیروهای زلزله می باشد که با مقطع I شکل اجرا می شود . این دیوار برشی که در هسته ساختمان قرار می گیرد . این بخش پایین بر روی فونداسیون قرار گرفته و در بخش بالای خود به سوپربیم منتهی می شود . دیوار برشی به صورت بتن در جا اجرا می گردد که بتن آن در بخش های پایین بتن با مقاومت بالاست با در نظر گرفتن شکل پذیری ساختمان بین سوپر وال از ٦۰ نیوتن بر میلی متر مربع در بالای فونداسیون به مرور به مقدار ۳٦ نیوتن بر میلی متر مربع در بخش بالایی آن کاهش می یابد . آرایش میلگرد آن بر اساس انجام آزمایشهایی بر روی قطعات مدل طراحی شده است . از نظر اجرایی سوپروال همیشه دو طبقه جلوتر از اجرای کف ها پیش می رود تا وقفه ای در کار ایجاد نشود . شبکه میلگردهای این بخش به دلیل سنگینی زیاد در سطح زمین ساخته شده و به وسیله جرثقیل در محل خود نصب می شود . جرثقیل برجی باید در محل خود نصب شود و باید حداقل قادر به جا به جایی ۱۰ تن بار باشد.

۳-۲- ستون های اتصالی

در طرح سوپرفریم در هریک از نماهای ساختمان دو ستون اتصالی و جمعا به تعداد هشت عدد اجرا می گردد . این ستون ها که بزرگ ترین مقطع ستون را در ساختمان دارند (مقطع ۱/۱ * ۱/۱ متر) به دلیل قرار گرفتن در نمای ساختمان فضای داخلی را اشغال نمی کنند . و طبقه اصلی این ستون ها انتقال نیروی زلزله از بالای ساختمان بر روی پی می باشد . این ستون ها به صورت پیش ساخته در سطح کارگاه ساخته می شوند . با توجه به اهمیت آنها در محافظت ساختمان از تصادم اشیای خارجی در حین بهره برداری و با عنایت به کارکرد آنها کنترل کاملا دقیقی بر روی قطعات پیش ساخته انجام می شود و اگر بتن ستونی مناسب نبوده باشد آن ستون از رده خارج می شود .مقاومت بتن در این ستون ها نیز به صورت هماهنگ با سوپر وال از ۶۰ تا 36 نیوتن بر میلی متر مربع متغیر است.

۳-۳- میراگر ها (دمپر های مکانیکی یا هیدرولیکی)

یک ساختمان بلند باید در مقابل تکان های شدید ناشی از زمین لرزه رفتار کاملا پیش بینی شده ای را داشته باشد . قرار دادن لوازم جذب انرژی اگر چه از حدود ۳۰ سال پیش در دنیا رواج پیدا کرده است ، اما گذاشتن نوع خاصی از آنها در بالای ساختمان تنها در تکنیک سوپرفریم استفاده می شود . لوازم جذب انرژی که همانند یک کمک فنر بسیار بزرگ عمل می کنند رفتار ساختمان را کنترل کرده و سطح تنش ها را به میزان قابل ملاحظه ای کاهش می دهند . در ساختمان سوپرفریم با ارتفاع ۳۳ طبقه تعداد ۳۲ عدد از آنها که چهار عدد بر روی هر ستون اتصالی قرار می گیرد نصب خواهد شد . بنابراین در هنگام وقوع زلزله نیروی حاصل از زلزله بر دیافراگ های هر طبقه اثر کرده و نیروها به سوپروال منتقل می شود.

سوپروال با جذب نیروها تغییر مکان را به بالاترین نقطه ساختمان منتقل می کند . تغییر مکان ها به چهار عدد سوپربیم که در بالای سوپروال قرار می گیرند منتقل شده و از طریق آنها به لوازم جذب انرژی انتقال می یابند . این لوازم هم به صورت فشاری و هم کششی عمل کرده و نیروهای زلزله را پس از کاهش دادن بر روی ستون های اتصالی منتقل می کنند و همان طور که ذکر شد ، نیروها سپس از طریق ستونهای اتصالی به صورت قائم بر روی پی منتقل می شوند.

۳-٤- سوپربیم

در بالاترین بخش اسکلت ساختمان چهار عدد تیر با مقطع بزرگ (۱*٤ متر) بر بالای سوپروال قرار می گیرند که تغییر مکان های آن را به لوازم جذب انرژی منتقل می نمایند . این تیرها کارکرد بسیار حساسی را در هنگام وقوع زلزله و یا برخورد یک شی خارجی به ساختمان از خود نشان می دهند.

۳-۵- ستون های ساده

ساختمان با سوپرفریم فری پلان نیز نامیده می شود و این بدان معناست که به دلیل مسطح بودن کف ها و عدم وجود ستون های میانی زیاد (تنها یک ستون میانی در یک کاشانه ۲۳۵ متر مربع وجود دارد) می توان هر نوع پلان دلخواه را در هر طبقه پیاده نمود . در حقیقت نه تنها تکنیک سوپرفریم از منظر سازه ای آخرین دستاورد به شمار می رود بلکه این تکنیک از نظر معماری نیز به آخرین دستاوردها متکی است .

۳-۶- دیافراگم

کلیه کف سازی ها به صورت دال دیافراگمی اجرا شده و تنها یک تیر میانی از تقاطع دال ها در دو تراز مختلف و با اختلاف ۳۰ سانتی متر شکل می گیرد . این کف ها به صورت کامل تمام نیروهای زلزله طبقات را به هسته مرکزی (سوپروال) منتقل می نمایند . این نوع کف ها ارجحیت زیادی دارد ، بطوریکه عدم وجود تیرهای با ارتفاع زیاد ارتفاع در پلان را زیاد می کند و در نتیجه سقف ها مزاحمتی برای اجرای تاسیسات ایجاد نکرده و ساختمان را برای شرایط free plan مهیا می سازد.

در طراحی سقف ها که به صورت دال اجرا می شوند دو سطح با اختلاف ۳۰ سانتی متر در نظر گرفته شده است بخش های داخلی که سرویس ها و آشپزخانه و غیره بر روی آن قرار می گیرد ۳۰ سانتی متر پایین تر از کف اتاق ها و سایر قسمت ها اجرا می گردند . از این بخش کلیه خطوط لوله آب و فاضلاب واحدها عبور داده می شود که با اجرای کف کاذب در موقع اضطراری می توان از داخل هر واحد به لوله ها دستیابی پیدا کرد.

کلیه خطوط برق تلفن و تهویه مطبوع در زیر سقف ها به آن متصل می شوند و یک سقف کاذب کم وزن روی آنها را می پوشاند.

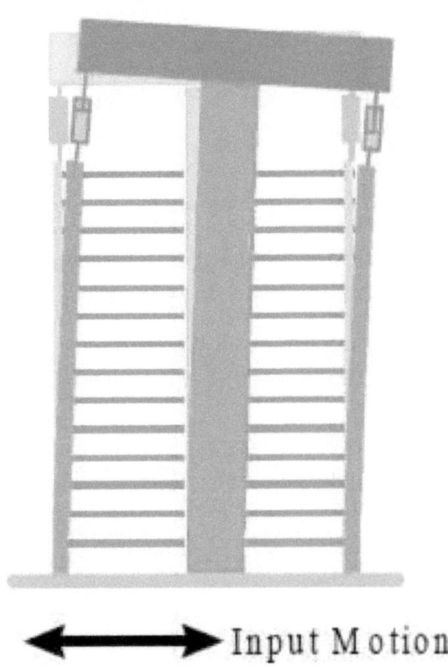

شکل ۳-۲- تصویر شماتیک از Drift کلی هسته ی مرکزی و عملکرد میراگر های ویسکوز

٤-طرح مفهومی سیستم سازه ای

طرح کلی این سیستم سازه ای از یک سازه ی T شکل در مدل سه بعدی شامل هسته ی مرکزی و سوپربیم یا تیرهای بالاسری، میراگر های ویسکوز، ستون های خارجی و دال بتنی کف تشکیل شده است.

تصویر شماتیک از این شمای کلی سازه را می توانید در شکل 4-۱ مشاهده فرمایید.

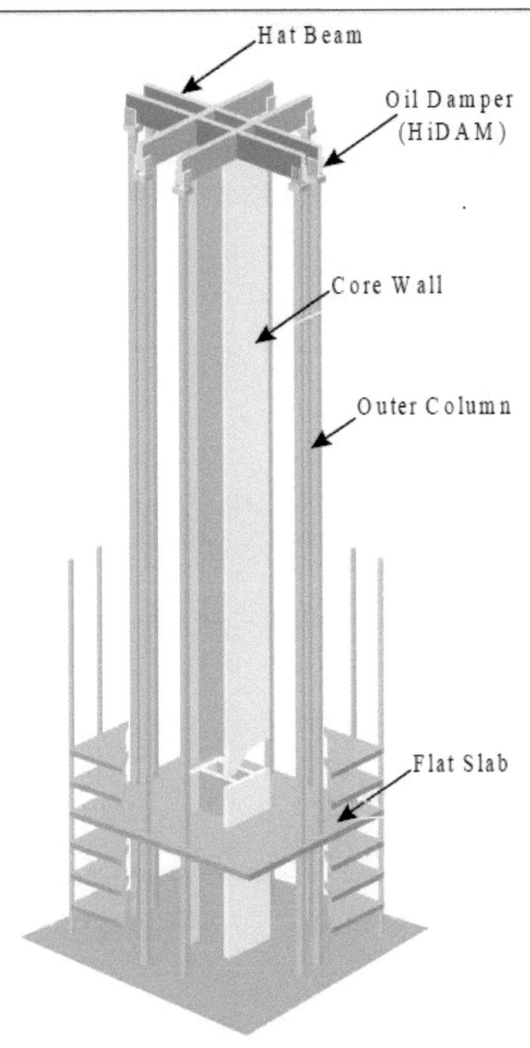

شکل 4-۱- شمای کلی سازه ی سوپرفریم

در شکل بالا اجزای کلی سازه به صورت زیر قابل تعریف است

4-الف) Hat Beam: تیر های بالاسری که بر روی هسته ی مرکزی سوار می شوند و از طرفین به میراگر های ویسکوز در محیط خارجی سازه متصل هستند و وظیفه ی آنها انتقال نیروی زلزله از هسته ی مرکزی به میراگر های ویسکوز می باشد

4-ب) Oil Damper: میراگر های ویسکوز که نیروی زلزله را از تیرهای بالاسری به ستون های خارجی سازه منتقل می کنند.

4-پ)Core Wall: هسته ی مرکزی سازه که وظیفه ی اصلی مقاومت در برابر نیروی زلزله را به عهده دارد و جابجایی جانبی آن توسط تیرهای بالاسری و به تبع آن توسط میراگر های ویسکوز کنترل می شود.

4-ت) Outer Columns: ستون های خارجی که به صورت پیش ساخته در کنار سازه ساخته شده و سپس توسط جرثقیل در جای خود قرار داده می شوند و وظیفه ی آنها انتقال نیروی وارد شده از میراگر های ویسکوز به شالوده ی سازه می باشد.

4-ث) Flat Slab: دال بتنی کف که به صورت دیافراگم صلب و درجا بتن ریزی می شود

در این سازه یک هسته ی مرکزی ساخته شده از بتن پرمقاومت در وسط سازه قرار میگیرد که معمولاً به صورت H ساخته می شود وظیفه ی تحمل در مقابل نیرو های جانبی وارد شده به سازه در هنگام وقوع زلزله را دارا می باشد.

عکس ٤-٢- سازه ی هسته ی مرکزی بتنی H شکل مرکز تجارت جهانی تبریز

برای جلوگیری از تداخل در فضای طبقات، تیرهای بالاسری فقط در بالاترین طبقه ی ساختمان نصب می شوند ستون های خارجی در محیط اطراف ساختمان کار گذاشته می شوند و وظیفه ی آنها انتقال نیروهای قائم در زلزله است

این تیرها در برخی موارد خاص با دیافراگم های اجرا شده در کف طبقات تشکیل یک قاب صلب را می دهند که کمک شایانی به تحمل نیروی جانبی در سازه در هنگام وقوع زلزله می کند اما همچنان تحمل اکثر نیروی جانبی در سازه بر عهده ی هسته ی مرکزی بتنی سازه خواهد بود.

میراگر های ویسکوز در انتهای تیرهای بالاسری و در محل اتصال آنها به ستون های خارجی نصب می شوند و قابلیت تحمل نیروی زیادی را دارند. در هنگام وقوع زلزله هسته ی مرکزی بتنی با حرکت پاندولی در راستای قائم شروع به حرکت می کند و باعث می شود تیرهای بالاسری شروع به

حرکت به سمت بالا و پایین کنند و در این قسمت میراگر های ویسکوز حرکات لرزشی ناشی از زلزله و حرکات جانبی تیرهای بالاسری را منتقل کرده و کنترل می کنند.

وجود میراگر های ویسکوز و تیرهای بالاسری و ستون های خارجی کمک شایانی به کاهش حرکات جانبی هسته ی مرکزی بتنی و در نتیجه تحمل بیشتر سازه در مقابل نیروی های جانبی ناشی از زلزله می شود.

در اجرای ستون های خارجی که به صورت پیش ساخته و در محیط کارگاه ساخته می شوند این تیر ها به صورت پیش تنیده اجرا می شوند تا بتوانند به میراگر های ویسکوز در انجام وظایف خود کمک بیشتری کنند.

سیستم کف طبقات به صورت دال بتنی یکپارچه است که باعث می شود فضای آزاد بیشتری در طبقات به وجود آید که از نظر معماری بسیار حائز اهمیت است. همچنین سیستم دال بتنی یکپارچه برای کف علاوه بر کمک به ستون های خارجی و تشکیل یک قاب صلب جهت تحمل نیروهای جانبی باعث سهولت در اجرای تاسیسات ساختمانی می شود که می توانید نمونه ای از آن را در عکس ٤-١ مشاهده کنید

عکس ٤-٣- دال بتنی یکپارچه ی کف

همان طور که در عکس ٤-٣- مشاهده می کنید امکان قالب بندی به صورت دلخواه برای تنظیم ارتفاع دال بتنی این امکان را می دهد که نصب تاسیسات برقی و مکانیکی و استفاده از مواردی مانند گرمایش از کف به سهولت انجام شود.

۵-شکل گیری تکنولوژی سوپرفریم

تکنولوژی سوپرفریم جدیدترین تکنولوژی ژاپنی برای ساخت ساختمان های بلند مرتبه است که پس از زلزله ی هیوگو در سال ۱۹۹۵ توسعه یافت. این روش ساخت شامل ٤ تکنیک است که قبلاً به صورت جداگانه در کشور ژاپن مورد استفاده قرار می گرفت. این تکنیک ها شامل بتن با مقاومت بالا (HiRC) ، قطعات پیش ساخته ی بتنی (R-PC) ، پس کشیدگی در کف ها با دهانه های بزرگ و استفاده از میراگر های ویسکوز مقاوم (Hi-Dampers) می باشد.

۵-۱- بتن با مقاومت بالا (HiRC)

در سالهای گذشته زمانی که ساخت ساختمان های بلند مرتبه مورد توجه مالکان قرار گرفت سازه ی اغلب ساختمان ها با استفاده از فولاد ساخته می شدند. با ثابت شدن مزایای ساختمان های بتن مسلح نظیر هزینه های پایین، مقاومت در برابر آتش سوزی و محافظت از انتقال صدا بین واحد ها طراحی و ساخت ساختمان های بتن مسلح بلند مورد توجه ساختمان سازان قرار گرفت و تعداد زیادی مقالات در مورد بهینه سازی قاب های بتنی منتشر شدند.

به طور کلی المان های بزرگ قاب ها در ساختمان های بلند ممکن است فضاهای زیادی را اشغال کند و این بزرگترین نقطه ضعف این نوع ساختمان ها به شمار می رود.از این رو تحقیقات در مورد بتن ها با استفاده از افزودنی ها می تواند به سادگی مهندسین را به سمت تولید بتنی با مقاومت 100 Mpa هدایت کند.

در هر حال به لحاظ کاربردی در ساختمان های بلند مرتبه در برخی از آیین نامه ها استفاده از بتن با مقاومت 80 Mpa محدود شده است.به طور کلی در ساختمان های بلند مرتبه در دنیا استفاده از بتن های با مقاومت بالا در حدود 120 Mpa رایج شده است.

هنگام استفاده از بتن با مقاومت بالا نحوه ی آرماتور گذاری نیز متفاوت خواهد بود.به عبارت دیگر همراه با بتن با مقاومت بالا باید از آرماتور با مقاومت بالا نیز استفاده شود از این رو شکل پذیری چنین المان هایی کاهش می یابد.

۵-۱-۱ مفاهیم مرتبط با بتن با مقاومت بالا

در چند دهه اخیر رسیدن به مقاومت فشاری بالا در بتن از اهداف اصلی دست اندرکاران کارهای بتنی بوده است . بر اساس تعریف موسسه بتن آمریکا ، بتن با مقاومت بالا بتنی است که دارای مقاومت فشاری بالاتر از 42 Mpa برای بتن ساخته شده از سنگدانه های سبک باشد . شایان ذکر است که اغلب آیین نامه های بتن هنوز مقاومت فشاری بتن مورد استفاده در سازه ها را به 60 Mpa محدود میکنند. البته اخیرا بعضی از آیین نامه های بتن ، تحت شرایطی تا حد 105 Mpa را نیز مجاز می شمارند.

غالبا ساخت بتنی با مقاومت فشاری در حدودMpa 50 با کاهش نسبت آب به سیمان تا حد ۰,۳ امکان پذیراست . ساخت بتنی با مقاومت زیاد و در حد 120 Mpa و استفاده از آن در ساخت سازه های مختلف به ویژه ساختمان های بلند ، در کشورهای پیشرفته دنیا رواج یافته است .

۵-۱-۲-مزایای بتن های با مقاومت بالا

از جمله مزایای این بتن ها می توان به مقاومت فشاری و مقاومت کششی بالا ، مدول الاستیسیته بیشتر و نفوذپذیری کمتر آن ها اشاره کرد .

۵-۱-۳- عوامل موثر در رسیدن به مقاومت بالای بتن

از عوامل موثر در رسیدن به چنین مقاومت های بالا در بتن، استفاده از شن و ماسه مقاوم و با شکل مناسب ، افزایش مقدار سیمان مصرفی ، محدود کردن اندازه بزرگترین سنگدانه ، استفاده از ماسه با مدول نرمی مناسب و نسبت ماسه به سیمان مناسب برای همگنی بیشتر آن می باشد . همچنین با استفاده از مواد بسیار ریزدانه و با اندازه هایی کمتر از ده میکرون مانند دوده سیلیس می توان مجموعه ای متراکم تر و با تخلخل بسیار کم را تهیه نمود.

٥-١-٤ خواص بتن با مقاومت بالا و موارد کاربرد آن

مقاومت فشاری بتن شاید مهمترین معیار کیفیت آن باشد . عواملی نظیر مشخصات سنگدانه ها از لحاظ شکل ، بافت و حداکثر اندازه آنها، مقدار سیمان مصرفی و نسبت آب به سیمان پر مقاومت فشاری بتن تاثیر می گذارند . غالبا رشد مقاومت بتن HiRC در سنین اولیه نسبت به بتن معمولی بیشتر است ، ولی افزایش مقاومت در طول زمان ، تابع مواد تشکیل دهنده و روش های عمل آوری بتن می باشد. نکته قابل توجه در عمل آوری بتن با مقاومت زیاد ، تامین رطوبت و دمای کافی است تادر طول دوره عمل آوری ، آبگیری سیمان تداوم داشته باشد.
مقاومت کششی بتن از دیگر خصوصیات مکانیکی آن می باشد . به طور معمول مقاومت کششی بتن حدود ۱۰ تا ۱۵ درصد مقاومت فشاری آن است، بنابر این کلیه عوامل موثر بر مقاومت فشاری بر روی مقاومت کششی نیز تاثیر گذار بوده و مقاومت کششی بتن HiRC به مراتب بیشتر از بتن معمولی می باشد .

از آنجاکه مقاومت بتن تا حد زیادی به میزان تراکم آن بستگی دارد ، لازم است میزان روانی مخلوط به حدی باشد که امکان دستیابی به یک تراکم مناسب را فراهم سازد . با افزودن فوق روان کننده ، میکرو سیلیس و نظایر آن به مقدار مناسب در مخلوط بتن میتوان کارایی مورد نظررا تامین کرد .
منحنی تنش - کرنش و ضریب ارتجاعی بتن از دیگر ویژگی های مکانیکی بتن می باشد . شکل منحنی تنش - کرنش بتن با مقاومت بالا در مقایسه با بتن معمولی ، خطی تر و دارای شیبی بیشتر می باشد.
مقدار کرنش در حداکثر تنش ممکن است بیشتراز مقدار مشابه در بتن معمولی باشد . با این حال کرنش نهایی در بتن با مقاومت بالانسبت به بتن معمولی کمتر است . به بیانی دیگر ، بتن HiRC تردتر از بتن معمولی می باشد . برای رفع این کمبودو افزایش میزان نرمی بتن با مقاومت بالا می توان به آن الیاف کوتاه اضافه نمود . ضریب ارتجاعی یا همان شیب منحنی تنش - کرنش برای بتن با مقاومت بالا در مقایسه با بتن معمولی دارای مقادیر بالاتری است یعنی بتن با مقاومت بالا ، علاوه بر اینکه می تواند تنش بسیار بالاتری را نسبت به بتن معمولی تحمل کند ، دریک تنش یکسان کرنشی به مراتب کمتر از بتنهای معمولی از خود نشان می دهد . وزن مخصوص بتن از دیگر مشخصه های آن است . نتایج بررسیها نشان می دهد که وزن مخصوص بتن های با مقاومت بالا ، اندکی بیشتر از بتن های معمولی ساخته شده از همان مصالح می باشد . با این حال ، وزن سازه های ساخته شده با بتن HiRC در مقایسه با بتن های معمولی به مراتب سبکتر بوده که این نکته یکی از مزیت های

استفاده از بتن با مقاومت بالا ، به خصوص در مناطق زلزله خیز به حساب می آید . در ضمن پدیده خزش ، نفوذ ناپذیری و سایش در بتن های با مقاومت بالا نسبت به بتن های معمولی کمتر و دوام و مقاومت برشی ، بیشتر می باشد.

دامنه کاربرد بتن های با مقاومت بالا ،خیلی وسیع نیست . امروزه استفاده اصلی از بتن HiRC در ساختمان های بلند مرتبه ، پل های پیش تنیده وساخت بعضی سازه های خاص می باشد . اگر چه در ساخت قسمت های مختلف ساختمانهای بلند ممکن است از بتن با مقاومت بالا استفاده شود ، ولی کاربرد اصلی بتن سازه های خاص می باشد .اگر چه در ساخت قسمت های مختلف ساختمانهای بلند ممکن است از بتن با مقاومت بالا استفاده شود ، ولی کاربرد اصلی بتن HiRC در ساخت ستون های این نوع ساختمان ها می باشد .با انجام چنین کاری ابعاد ستون ها به طور قابل ملاحظه ای کاهش یافته و امکان افزایش تعداد طبقات یک ساختمان فراهم می آید . در ساخت پل ها نیز از بتن با مقاومت بالا بطور روز افزونی استفاده می شود . مقاومت کششی بتن با ازدیاد مقاومت فشاری آن افزایش یافته و این امر در طراحی اعضای بتنی پیش تنیده نظیر شاه تیر ها (که در آن مقاومت کششی بتن کنترل کننده است) دارای ارزش زیادی می باشد . همچنین کاهش خزش در بتن با مقاومت بالا، برای کاهش اتلاف پیش تنیدگی شاه تیرهای پل مفید است .

ساخت سازه های خاص نظیر سازههای ساحلی ، سقف جایگاه تماشاگران میادین ورزشی ، پایه های بعضی پل ها ، عرشه پل هایکابلی در دهانه های بزرگ جهت کاهش وزن عرشه و غیره نیز ممکن است از بتن با مقاومت بالااستفاده شود . برای بررسی بتن HiRC از جنبه اقتصادی باید اشاره شود که استفاده از موادافزودنی فوق – روان کننده و ترکیبات تکمیلی سیمان نظیر خاکستر بادی ، میکرو سیلیس وسرباره کوره آهنگدازی در مخلوط بتن با مقاومت بالا و همچنین افزایش کیفیت مصالح سنگی و اعمال کنترل کیفیت شدید در هنگام ساخت ، حمل و نقل و جابجایی بتن و نظارت دقیق درمرحله بتن ریزی و عمل آوری آن ، همگی عواملی هستند که قیمت تمام شده بتن با مقاومت بالا را افزایش می دهند ، با این حال در بیشتر کاربرد های بتن با مقاومت بالا ، فوایدو محاسن استفاده از آن به قدری زیاد است که عملا افزایش هزینه های مزبور جبران می شود

۵-۱-۵- فاکتورهای مهم در ساخت بتن با مقاومت بالا

-کاهش نسبت آب به سیمان:

میزان آب لازم برای هیدراته کردن سیمان بسته به نوع سیمان بین (۰,۲۵-۰.۲)میباشد .مقداری از آب مورد مصرف نیز صرف مرطوب نمودن سطح دانه ها میگردد. مصرف آب بیش از این میزان اثرات نامطلوبی بر روی بتن به جای میگذارد.

این آب اضافی بر اثر خاصیت موویینگی به سمت سطح بتن جریان می یابد . در این لوله ها درمرحله اول باعث کاهش مقاومت فشاری بتن میگردند که در ساخت بتن های با مقاومت بالا موردبررسی قرار می گیرند. و در مرحله دوم باعث می شوند تا آب خارجی بتواند به درون بتن نفوذ نماید . در صورتی که این آب دارای مواد خورنده باشد شرایط خوردگی میلگرد در بتن را تشدید مینماید. در بتن های با دوام بالا ، تأثیر آب مصرفی در این ضمینه مورد بررسی قرار می گیرد.

در بتنهای HiRC توصیه می شود که آب اختلاط از W/C=0.4 کمتر در نظر گرفته شود. برای اینکه بتوان در نسبت های پایین به بتن با کارایی مناسب دست یافت استفاده از فوق روانسازهای اعلا اجتناب ناپذیر میباشد.

در ساخت بتنهای با دوام بالا نمیتوان از هر ماده آب بندی استفاده نمود و تنها آب بندهایی که در برابر حرارت و خوردگی مقاوم می باشند قابل استفاده در اینگونه بتن ها میباشند. به هر حال عدم اضافه کردن چنین موادی به مراتب منطقی تر میباشد.

-دانه های مناسب:

در ساخت بتن های HiRC بهتر است از سنگدانه های سیلیسی استفاده نمود. زیرا این سنگدانه ها هم دوام وهم اقتصاد طرح را تأمین میکنند. استفاده از سنگدانه های واکنش زا در این بتن هابه هیچ عنوان مناسب نمیباشد. شیست ها ،سنگدانه های آهکی دگرگون نشده، توف ها و... از جمله این سنگدانه ها میباشند.

هرچه سنگدانه ها متراکم تر و تخلخل آنهاکمتر باشد برای ساخت بتن های HiRC مناسب تر میباشند.

-استفاده از حداکثر میزان مصالح سنگی:

برای دست یافتن به این امر دانه بندی بسیارمهم می باشد. به طورکلی کلیه دانه بندیهای بتن های با مقاومت بالا برای این منظور قابل قبول می باشند. اما دانه بندیهای بهتری را نیز میتوان استفاده نمود.

برای رسیدن به یک دانه بندی مناسب بهتر است از میزان overfill درنظر گرفته شده در بتن های HiRC کاست. همچنین استفاده از ذرات کوچکتر از ۷۵ میکرون میتواند مفید باشد.

-تراکم و نگهداری:

تراکم و نگهداری بتن های با دوام بالا بهمراتب حساس تر از سایر بتن ها میباشد .به خصوص برای ساخت بتن های با عمر بالای ۲۰۰سال این موضوع فوق العاده حساس میشود. عدم تراکم مناسب در یک قطعه می تواند کلیه فاکتورهای ساخت و طراحی را تحت شعاع خود قرار دهد؛ بنابراین، در قطعاتی که امکان تراکم ویژه موجود نمیباشد. باید بتن را با روانی بسیار بالا ساخت باید توجه داشت که برای رسیدن به این منظور نباید نسبت W/Cرا از ۰,٤ بیشتر کرد.

-تعیین نوع سیمان:

بهترین سیمان برای ساخت این نوع بتن پرتلندتیپ ٥ میباشد. سیمان های دیرگیر تیپ ۲و٥ نیز مناسب میباشند. همچنین سیمانهای منبسط شونده نیز در شرایط خاص میتوان به کار برد.

استفاده از سیمانهای بدون نقص (MDF) و (WAC) نیز باعث افزایش قابل توجه عمر بتن میگردند اما باید توجه داشت که هدف اصلی در ساخت بتنهای با دوام بالا اقتصاد میباشد. در نتیجه استفاده از سیمانهای(MDF) و (WAC) منطقی به نظر نمی رسد.

-پزولان ها:

خاکستر بادی، دوده سیلیسی، خاکستر پوسته برنج، روباره آهنگدازی آسیاب شده پزولانهای حاوی

کوارتز و میکا و... نقش بسیار مهمی در افزایش دوام بتن دارند. در میان مواد فوق دوده سیلیسی و روان کننده را به صورت ژل در می آورند و به صورت مخلوط با آب به کار می برند که اثرات بسیار مطلوبی بر روی بتن دارند.

در صورت استفاده از سیمان های پرتلند، استفاده از پزولان ها کاملاً اجباری میباشد.

۵-۲- تکنولوژی قطعات پیش ساخته ی بتنی

در ابتدای قرن بیستم پیشرفت بزرگی در تکنولوژی تولید قطعات پیش ساخته ی بتنی در برخی از کشور ها رخ داد. تکنولوژی تولید قطعات پیش ساخته شامل مزایایی مانند تولید انبوه و صنعتی، سرعت بالا در ساخت و کنترل کیفیت بالا در تولید المان های بتنی می باشد.

از آنجایی که مزایای این تکنیک در پروژه های ساختمان سازی بسیار اهمیت دارند تحقیقات وسیعی توسط شرکت های ساختمان سازی ژاپنی در این مورد انجام شده است و با ابداع فناوری پیشرفته ی R-PC از حدود ۴۰ سال پیش این قطعات پیش ساخته در ساختمان های بلند مرتبه مصرف داشته اند.

بر اساس بررسی های انجام شده به خصوص پس از زلزله ی هیوگو در سال ۱۹۹۵ در ژاپن ملاحظه شده است که کلیه ی ساختمان های ساخته شده با فناوری R-PC بدون هیچگونه آسیبی پابرجا مانده اند.

بدیهی است که علاوه بر لزوم کیفیت بالا در قطعات پیش ساخته پیش ساخته بودن تیر ها و ستون ها میزان انعطاف پذیری سازه از لحاظ معماری نیز افزایش می دهد.

در ساختمان برج مرکز تجارت جهانی تبریز نیز از فناوری R-PC در ساختن ستون ها و از فناوری شبکه میلگرد های پیش ساخته در ساخت هسته ی مرکزی استفاده شده است.

۵-۲-۱- مفاهیم کلی قطعات پیش ساخته ی بتنی R-PC

فناوری اجرای ساختمانهای (سازه های) بتن مسلح پیش ساخته به روش R-PC ، فنـاوری روز کشور ژاپن است که با تولید داخلی اجزاء اتصالات، میلگردهای پرمقاومت، بتن های کارگاهی بامقاومت بـالا و پـانل های سرامیکی مخصوص نما در ایران، بطور کامل بومی شده است .مزیت بزرگ این فناوری عـدم محدودیت در پـلان و ارتفـاع ساختمان بوده و بـرای سـازه های مختلف باهرنوع کاربری قابل استفاده است. در این روش ساخت، اتصال قطعات اصلی یعنی ستونها ، تیرها و دیوارهای برشی توسط اتصـال تزریقی NMB انجام می شود. در این اتصـال که میلگردها پیوستگی لازم را بدست می آورند ، اتصال مابین قطعات پیش ساخته ستونها و تیرها و همچنین بخش فوقانی تیرها با سقفهـای پیش تنیده با بتن درجا یکپارچگی سازه را تضمین می نماید. زلزله های بزرگ رخ داده در ژاپن و بخصوص زلزله ویرانگر هیوگو نشـان داد که این نوع ساختمـانها بطور کامل در مقـابل نیروهای بزرگ زلزله پایدار و سالم باقی مانده اند .

۵-۲-۲- مزیت های استفاده از فناوری قطعات پیش ساخته ی R-PC

- فناوری پیشرفته روز و مورد استفاده در کشورهای پیشرفته زلزله خیز جهان
- تضمین عملکرد در شرایط لرزه خیزی کشور ایران
- کمترین هزینه بر هر متر مربع و استفاده از مصالح کاملاً بومی
- سرعت فوق العاده بالای اجرای سازه (یک طبقه در سه روز)
- قابلیت اجرا در ارتفاع های بلندتر و نامحدود
- عدم محدودیت در طراحی و اجرای هر نوع پلان مسکونی ، تجاری و خدماتی
- استفاده از بتن پرمقاومت HiRC با ۶۰ مگا پاسکال و اتصالات ویژه تزریقی NMB جهت مونتاژ قطعات پیش ساخته
- ساخت قابلیت استفاده از هر نوع مصالح نازک کاری داخلی به لحاظ هزینه ای و انتخاب بهره بردار
- اجرای سریع سازه و پوسته کامل بیرونی ساختمان در کمترین زمان ممکن
- کیفیت بالا و کنترل شده قطعات سازه، بدلیل تولید صنعتی در داخل کارخانه یا کارگاه

- اجرای همزمان نمای ساختمان با سازه آن
- سازگار با محیط زیست در مقایسه با ساخت و ساز های سنتی
- مقاومت بالا در مقابل حریق، ضریب انتقال پایین حرارت و صوت

در عکس های ۵-۱ و ۵-۲ می توانید دو نمونه از **قطعات** بتنی پیش ساخته استفاده شده در ساختمان مرکز تجارت جهانی تبریز را مشاهده کنید

عکس ۵-۱- طریقه ی نصب ستون های بتنی پیش ساخته در محل

عکس ۵-۲- طریقه ی نصب ستون های پیش ساخته در محل

همانطور که در عکس های ۵-۱- و ۵-۲- مشاهده می کنید ستون ها به صورت پیش ساخته با استفاده از فناوری R-PC به صورت نری و مادگی ساخته می شوند و سپس در محل کارگاه با استفاده از روش تزریق گروت در جای خود قرار می گیرند.

۵-۳- تکنولوژی پس تنیدگی

تکنولوژی پس تنیدگی سال هاست که در پل سازی مورد استفاده قرار می گیرد با این وجود استفاده از این تکنیک در ساختمان سازی به موارد خاصی محدود می شود.

افزایش قیمت زمین در کشور های در حال توسعه مهندسین را مجبور کرده است طراحی های خود را با کاهش تعداد ستون ها و افزایش اندازه ی دهانه ها بهینه سازند. بنابراین انعطاف پذیری از لحاظ معماری به طور آشکاری بهبود یافته است و کاربری فضاها افزایش می یابد.

در چنین دهانه های بزرگی تکنیک های پس تنیدگی بسیار مفید می باشد. تکنولوژی سوپرفریم این اجازه را داده است که با استفاده از فناوری پس تنیدگی ، دهانه ها افزایش یافته و یه طور کلی با حذف تیرها ساختمان از شرایط پلان آزاد برخوردار می شود.

۵-٤ تکنولوژی میراگر ویسکوز

مدت زمان مدیدی است که در صنایع مکانیکی برای ماهش نیروها و سرعت های دینامیکی از میراگر های ویسکوز استفاده می شود. چنین میراگر هایی شامل روغن ویسکوز در داخل سیلندر های میراگر می باشند که ویسکوزیته ی مایع روغنی نباید با تغییرات دما تغییر زیادی کند که با نامه دمپر های هیدرولیکی نیز شناخته می شوند.

استفاده از میراگر های ویسکوز پس از زلزله ی سال ۱۹۹۵ در هیوکو ژاپن در ژاپن و امریکا افزایش یافت و طبق تحقیقات انجام شده تنها ۵ سال پس از این فاجعه تعداد ساختمان هایی که از این تکنولوژی استفاده می کردند ۱۰ برابر افزایش یافت.

۵-٤-۱ انواع میراگر های مورد استفاده در سازه های سوپرفریم

۵-٤-۱-۱ ابزار کنترل غیرفعال (Passive)

سیستمهایی هستند که نیاز به منبع انرژی خارجی ندارند. این ابزار از نیروهایی که در پاسخ به حرکت سازه در داخل آنها ایجاد میشود بهره میگیرند. ابزار جدا کننده پایه ای Base isolation و میراگر جرمی تنظیم شده TMD از این گروه هستند.

۵-٤-۱-۲- ابزار کنترل فعال (Active)

سیستم هایی هستند که پاسخ های سازه ای توسط انرژی خارجی وارده به سازه انجام می شود. این سیستم ها دستگاه های قابل کنترلی هستند که توسط ابزار کمکی همواره در حال وارد کردن نیروهای کنترلی به ساختمان هستند. به عنوان مثال کابلی به ساختمان وصل میشود و در جهت خالف نیروهای برشی وارده زلزله به ساختمان نیرو وارد میکند. این سیستمهای فعال از سیستمهای غیر فعال مؤثرتر هستند؛ اما علیرغم عملکرد عالی، مشکل بزرگ هزینه های اجرایی و نگهداری را دارند که نمونه این سیستمها، میراگرهای جرمی فعال AMD هستند.

۵-٤-۱-۳- ابزار کنترل نیمه فعال (Semi-active)

سیستم هایی قابل کنترلی هستند که نسبت به سیستمهای کنترل فعال نیازمند انرژی به مراتب کمتری هستند. در این سیستمها انرژی به داخل سیستم تزریق نمیشود و بنابراین پایداری در تمام مراحل باقی خواهد ماند. به عنوان نمونه میتوان از میراگر با مجرای متغیر برای ایجاد سختی متغیر نام برد.

لذا سیستمهای نیمه فعال از دستگاه های غیر فعال مؤثرتر هستند. هر چند که هزینه های اضافی برای شیرهای قابل کنترل، سیستم کنترل کامپیوتری، سِنسُورها و نگهداری را میطلبد. در عین حال اگر چه

تأثیر آنها از سیستمهای فعال کمتر است، ولی هزینه ی بسیار پایین اجرا و نگهداری، تعبیه این سیستم ها را بسیار قابل توجیه ساخته است.

۵-آزمایش مقاومت سازه ی سوپرفریم و مقایسه ی آن با چندین سازه ی متداول

برای آزمایش میزان مقاومت سازه ی سوپرفریم در مقابل زلزله مدل دینامیکی ساختمان شبیه سازی شده است و با چندین سازه ی متداول دیگر مورد بررسی و مقایسه قرار گرفته است.

سازه ی مورد آزمایش یک سازه با طول ۱۲۲ متر و دارای ۳۵ طبقه مسکونی دارای یک سازه ی هسته ی مرکزی در وسط سازه و ۱٦ ستون خارجی در محیط خارجی سازه است. سازه های مختلف مورد استفاده در این آزمایش در جدول ۵-۱- نشان داده شده است.

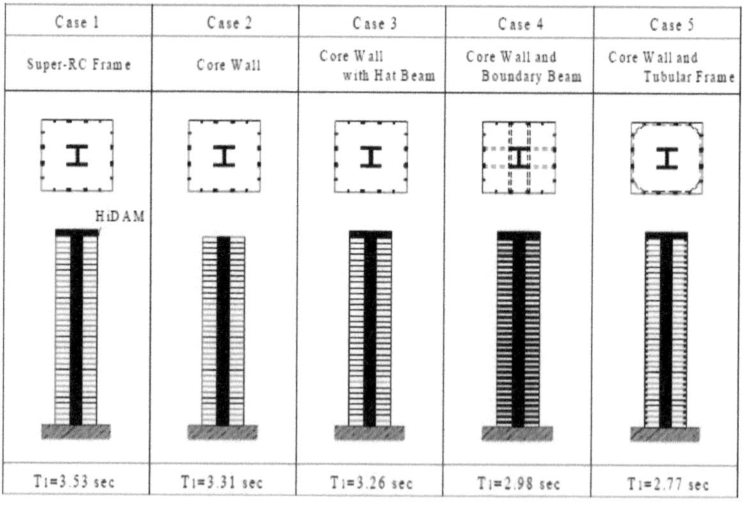

Case 1	Case 2	Case 3	Case 4	Case 5
Super-RC Frame	Core Wall	Core Wall with Hat Beam	Core Wall and Boundary Beam	Core Wall and Tubular Frame
HiDAM				
T1=3.53 sec	T1=3.31 sec	T1=3.26 sec	T1=2.98 sec	T1=2.77 sec

شکل ۵-۳- سازه های متداول استفاده شده در آزمایش مقایسه

در شکل شماره ی ۵-۳- سازه ی دارای سیستم سوپرفریم به عنوان Case 1 نام گذاری شده است.

در Case 2 سازه ی مورد نظر مانند سازه ی سوپرفریم دارای هسته ی مرکزی بتنی است اما فاقد تیر بالاسری است که در این سازه تمام بار جانبی ناشی از زلزله توسط هسته ی مرکزی سازه تحمل می شود

در Case 3 سازه همانند سازه ی سوپرفریم دارای تیر بالاسری و ستون های خارجی است اما تیر های بالاسری و ستون های خارجی با اتصال صلب به یکدیگر متصل شده اند و در این سازه میراگر های ویسکوز وجود ندارد.

در Case 4 سازه دارای یک هسته ی بتنی مرکزی است و تیرهای افقی در تمام طبقات به صورت جداگانه کار گذاشته شده است و این تیرها در هر طبقه به ستون های خارجی متصل شده اند.

در Case 5 ستون های خارجی توسط تیرهای افقی به هم متصل شده اند.

در تمامی این ساختمان ها مصالح استفاده شده به صورت مسلح می باشند و در آزمایش انجام شده تحلیل دینامیکی سازه به عنایت به غیرخطی بودن واکنش هر کدام از اجزای سازه در برابر اثر مخرب زلزله انجام گرفته است.

نتایج به دست آمده در نمودار ۵-٤ نشان داده شده است.

در نتایج به دست آمده مشخص شده است به جز در مورد ۲ در بقیه ی سیستم های سازه ای درجه ی خمش در طبقات از ۱/۱۰۰ کمتر باقی مانده است. و در مورد شماره ۱ که سیستم سوپرفریم می باشد به دلیل وجود میراگر های ویسکوز انرژی ارتعاشی ناشی از زلزله به خوبی دفع شده است و اگرچه این سیستم دارای دوره ی تناوب سازه ای ماکزیمم برابر با ۳,۵۳ ثانیه می باشد اما به خوبی می تواند در مقابل نیروهای جانبی ناشی از زلزله دوام بیاورد.

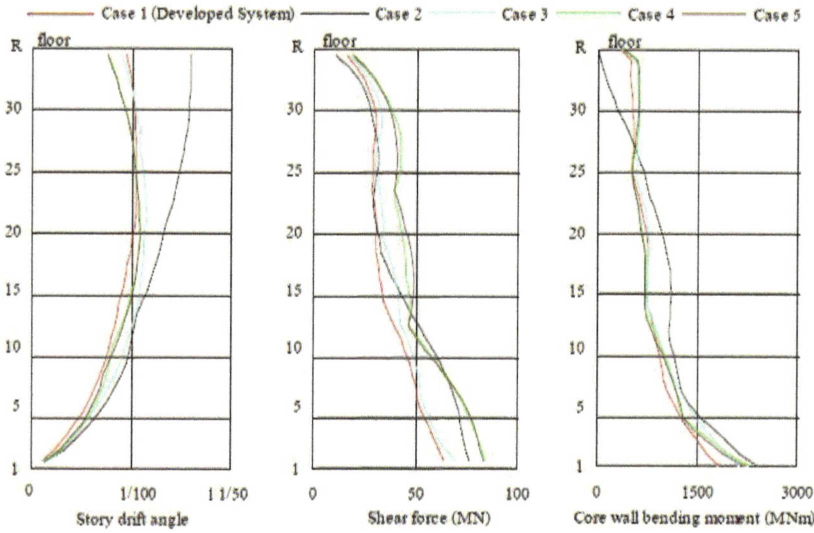

شکل ۵-٤- نمودار مقایسه ی تحلیلی رفتار سازه ها در مقابل زلزله ویرانگر

در شکل شماره ی ۵-٤- نمودار سمت چپ با نام Story Drift angle نشان دهنده ی درجه ی تغییر مکان هر طبقه در سیستم های سازه ای مختلف می باشد که همانطور که مشاهده می شود سازه ی سوپرفریم در طبقات ۱ تا ۲۰ کمترین میزان تغییر مکان و از طبقات ۲۰ تا ۳۵ نیز تغییر مکانی مناسب و در حد استاندارد آزمایش زیر ۱/۱۰۰ از خود نشان داده است.

نمودار وسط نشان دهنده ی میزان نیروی برشی وارد بر ساختمان است که در این آزمایش نیز سازه سوپرفریم از تمامی موارد مورد ازمایش دیگر نتیجه ی بهتری را کسب کرده است و کمترین میزان نیروی برشی در سازه ی های فوق به سازه ی سوپرفریم وارد می شود.

نمودار سمت راست نشان دهنده ی ممان خمشی ایجاد شده در هسته ی مرکزی است که در این مورد سازه ی شماره ۲ که همان سازه ی سوپرفریم ولی بدون تیر بالاسری است در طبقه ی ۳۰ ام نتیجه ی بهتری از خود نشان داده است اما در طبقات پایین تر نتایج نزدیک به هم می باشد

٦- نتایج تحلیلی غیرخطی سازه ی سوپرفریم در مقابل چندین زلزله ی معروف

برای تحلیل دینامیکی رفتار سازه ی سوپرفریم در هنگام زلزله مطالعه ی تحلیلی روی این سازه با در نظر گرفتن شرایط واکنش خاک انجام شده است.و برای این آزمایش یک مدل ٢٦ طبقه ساخته شده که مرکز جرم هر طبقه نیز در وسط همان طبقه واقع شده است.

تمام دیواره های هسته ی مرکزی بتنی، تیرهای بالاسری، ستون های خارجی، دال های بتنی و دیواره های خارجی طبق استاندارد های ساخت سازه های سوپرفریم مدل سازی شده است. برای این مدل سازی از ٣ مولفه زلزله ی شناخته شده با نام های El centro در سال ١٩٤٠ ، Taft در سال ١٩٥٢، و Tokyo 101 در سال ١٩٥٦ استفاده شده است همچنین یک زلزله ی مصنوعی توسط دستگاه شبیه سازی شده است که در این مدل سازی از آن نیز استفاده شده است.

نتایج این مدل سازی با قدرت ورودی 50 cm/s را می توانید در نمودار های ٦-١ و ٦-٢ مشاهده کنید

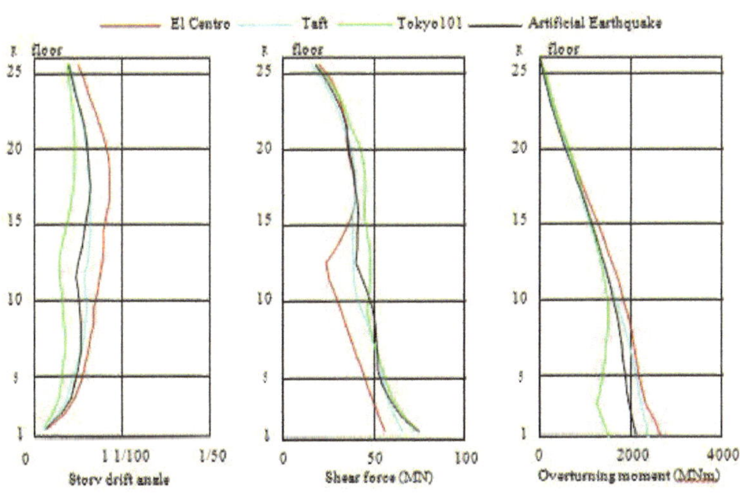

نمودار ٦-١- تحلیل مدل سازی سوپرفریم

در نمودار های بالا در نمودار سمت چپ درجه ی تغییر مکان در طبقات دیده می شود که همانطور که ملاحظه می شود این سازه در برابر زلزله های مورد مدل سازی نتایج فراتر از حد انتظار را کسب کرده است و در هیچکدام از مدل های شبیه سازی شده میزان تغییر مکان به ۱/۱۰۰ نزدیک نیز نشده است

در نمودار های میانی و سمت راست به ترتیب نیروی برشی و ممان چرخشی نشان داده شده است که هر دو با افزایش تعداد طبقات کاهش می یابند

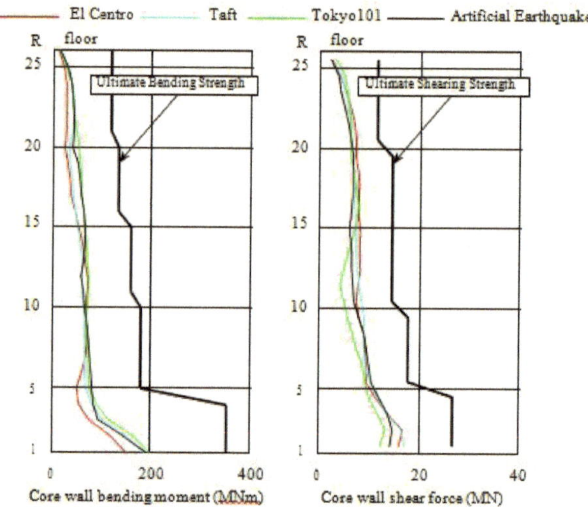

شکل ٦-٢- تحلیل عملکرد میراگر های ویسکوز

دو نمودار بالا ممان خمشی و نیروی برشی در هسته ی مرکزی بتنی را در سازه ی سوپرفریم در مدل سازی مورد نظر نشان می دهد. خط Ultimate Bending Strengh نشان دهنده ی حداکثر میزان مجاز خمش و یا تحمل نیروی برشی در هسته ی مرکزی سازه است که همانطور که می بینید در

هیچکدام از موارد مدل سازی شده شرایط بحرانی در سازه به وجود نمی آید و سازه تا بالاترین طبقه نیز در امنیت کامل می باشد.

در شکل ٦-٣ می توانید مدل سازی ٣ بعدی سازه ی سوپرفریم، در شکل ٦-٤ شتاب نگاشت ال سنترو اعمال شده در سازه و در شکل ٦-٥ جابجایی بیشینه در میراگر های ویسکوز را مشاهده کنید

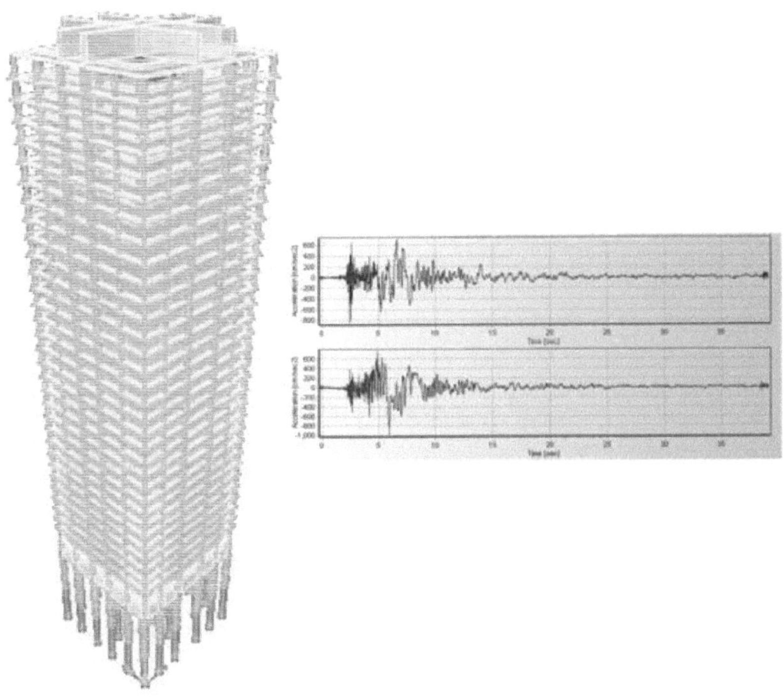

شکل ٦-٤ شتاب نگاشت ال سنترو

شکل ٦-٣ مدل سه بعدی سازه سوپرفریم

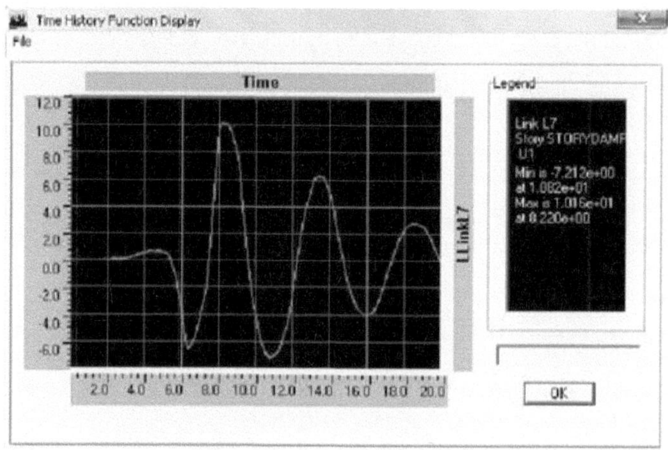

شکل ٦-٥ جابجایی بیشینه در میراگر های ویسکوز

۷- طریقه ی کاربرد در ساختمان های بلند مرتبه ی مسکونی

۷-۱- نمای کلی سازه و طراحی سازه ای ساختمان

به عنوان یک نمونه ی شاهد اجرا شده در زمین این نوع تکنولوژی جدید برج شیبا پارک (Shiba Park) در میناتوکو توکیو انتخاب شده است که دارای ۲۹ طبقه مسکونی می باشد.

پلان این ساختمان به صورت مستطیل شکل طراحی شده است که دارای طول ۳٦ متر و عرض ۳۲,٥ متر می باشد.مساحت ناخالص سازه ۳۲٥۰۰ متر مربع و ارتفاع سازه ۹۰ متر می باشد. همانطور که در

شکل ۷-۱- مشخص می باشد ۲۵ طبقه از ساختمان روی سطح زمین اجرا شده است که ارتفاع هر طبقه از ۳,۲ متر تا ۵ متر متغیر می باشد و ۳ طبقه از ساختمان در پایین سطح زمین ساخته شده است که کاربری آن عمدتاً به عنوان پارکینگ و محل نصب ماشین آلات تاسیساتی می باشد.

عکس ۷-۱- نمای کلی برج شیبا پارک در توکیو

طراحی این سازه در سال ۱۹۹۷ شروع شد و در خلال طراحی آن سازه ی سوپرفریم RC به دلیل انعطاف بالای طرح برای موارد مربوط به معماری برای طراحی برج در نظر گرفته شده است.

در شکل شماره ی ۷-۲- می توانید طرح پلان کلی طبقات را در این برج مشاهده کنید که در آن ٤ عدد دیوار اصلی بتنی به شکل L در مرکز سازه به عنوان هسته ی اصلی بتنی سازه اجرا شده است که

این دیوار ها توسط تیر های متصل کننده ی دوبل به هم متصل شده اند و این دیوار ها چاله ی آسانسور و راه پله های برج را در بر گرفته اند.

همچنین ستون های خارجی که در محیط بیرونی پلان قرار گرفته اند و توسط تیر های عرضی به هم متصل شده اند را در این شکل می توانید مشاهده کنید

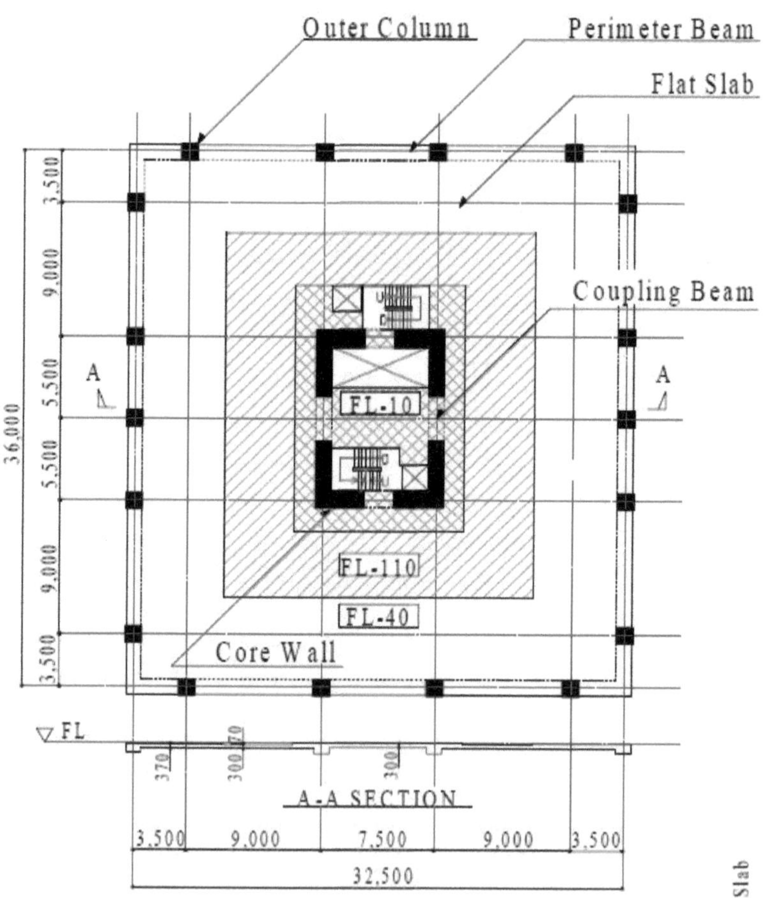

شکل ۷-۲- پلان تیپ طبقات، جانمایی المان های اصلی سازه ی سوپرفریم

در شکل ۷-۳- نیز می توان طرح نمای جانبی ساختمان را مشاهده کرد که در این شکل تیر های بالاسری با عرض ۳,۵ متر در بالای سازه مشهود می باشند که از یک طرف به دیوارهای هسته ی بتنی مرکزی سازه و از طرف دیگر توسط میراگر های ویسکوز به ستون های خارجی در سازه متصل شده اند.

میراگر های ویسکوز با مشخصات C=4.9 KNs/mm در حدفاصل بین ستون های خارجی و تیرهای بالاسری سازه متصل شده اند که در شکل با نام HiDam نشان داده شده است و دال یکپارچه ی بتنی پس تنیده نیز با ضخامت ۳۰۰ الی ۴۰۰ میلیمتر در سازه اجرا شده است.

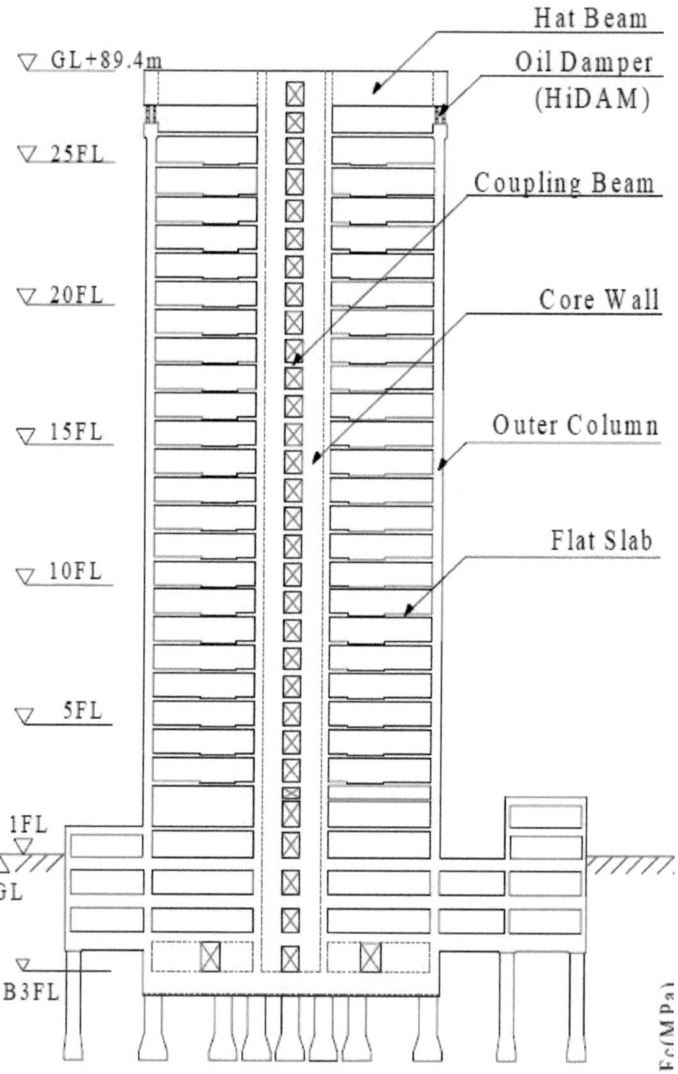

شکل ۷-۳- نمای جانبی سازه ی سوپرفریم و جانمایی تیرهای بالاسری و میراگر های ویسکوز

همانطور که در شکل ۷-۳- دیده می شود شمع هایی با مقطع دایره ای شکل در تراز BL-F3 در زیر هسته ی مرکزی بتنی و ستون های خارجی سازه قرار داده شده است که ٦,٥ متر در داخل خاک GL-22m فرو رفته اند و از به وجود آمدن گشتاور واژگونی و فشار بالا برنده (Uplift) حتی در ویرانگر ترین زلزله ها جلوگیری می کند.

۷-۲- ضابطه های طراحی

ضابطه های طراحی در این برج به دو قسمت استاتیک و دینامیک محدود شده اند و در جدول ۷-٤- قابل مشاهده است و اعمال دقیق و بی نقص این ضابطه ها می تواند امنیت سازه را در حوزه ی اجرا جهت مقابله با نیروهای زلزله تامین کند.

در این طراحی ستون های هسته ی مرکزی و تیر های بالاسری بجز در قسمت های اتصال با هم قابلیت خم شدن ندارند.و تیرهای دوبل متصب کننده ی دیوار های هسته ی مرکزی باید سختی لازم برای جلوگیری از تغییرشکل دیوار های هسته ی مرکزی را دارا باشند.

Design Procedure	Limit State or Load Level	Design or Criteria
Static Design	Stage 1 : Serviceability Limit State	Temporary Allowable Stress Design
	Stage 2 : Design Limit State	Ultimate Stress Design
	Stage 3 : Ultimate Limit State	
Dynamic Design	Level 1 : Severe Earthquake	Story Drift Angle is less than 1/200 Stress of Element is less than Allowable Stress
	Level 2 : Worst Earthquake	Story Drift Angle is less than 1/100

شکل ۷-٤- جدول طراحی استاتیک و دینامیک اجزای سازه

در شکل شماره ی ۷-۵ نیز طراحی آرماتور ها ، ستون ها ، تیرها و دیوار های هسته ی مرکزی و اتصال تیر بالاسری به میراگر های ویسکوز به صورت عمومی در این سازه قابل مشاهده است

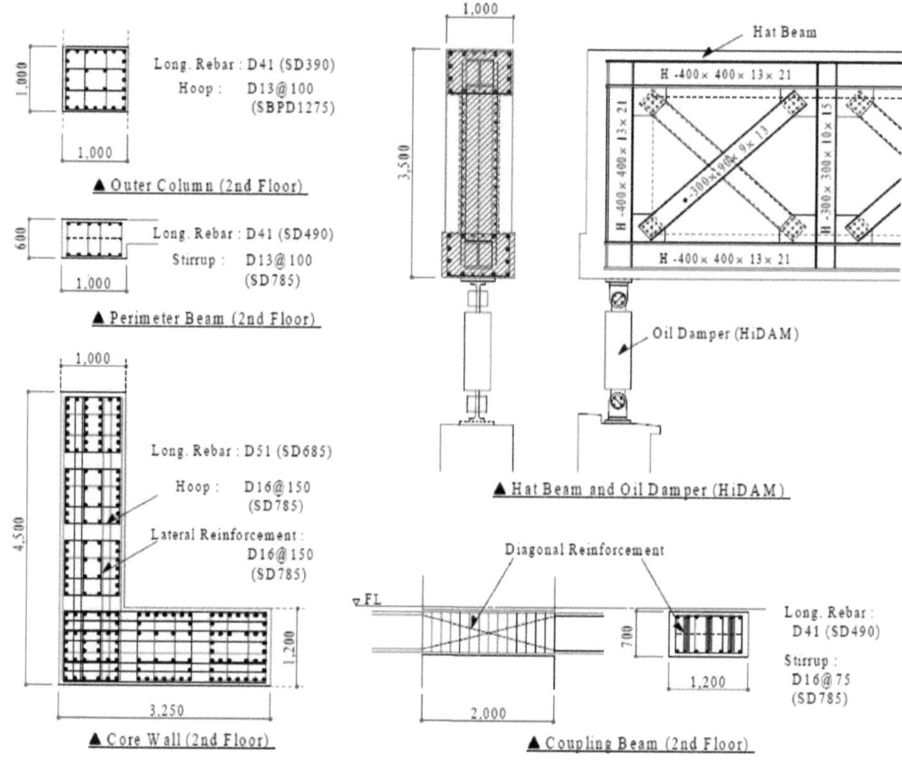

شکل ۷-۵- جزئیات اجرایی تیپ در سازه ی سوپرفریم برج شیبا پارک

در شکل ۷-٦- پلان جزئیات تیپ برای دال های بتنی پس تنیده و کابل کشی های موجود در این دال ها نمایش داده شده است. کابل هایی که از طرفین در امتداد دیوار های L شکل هسته ی مرکزی عبور می کنند در انتها مقید شده اند تا مقاومت دال های بتنی کف در هنگام زلزله افزایش پیدا کند. همچنین آرایش کابل ها به گونه ای است که اجرا شده است که مکان کافی جهت اجرای تاسیسات برقی و مکانیکی و بستر لازم جهت اجرای تغییرات غیر سازه ای مورد نیاز در آینده را تامین می سازد

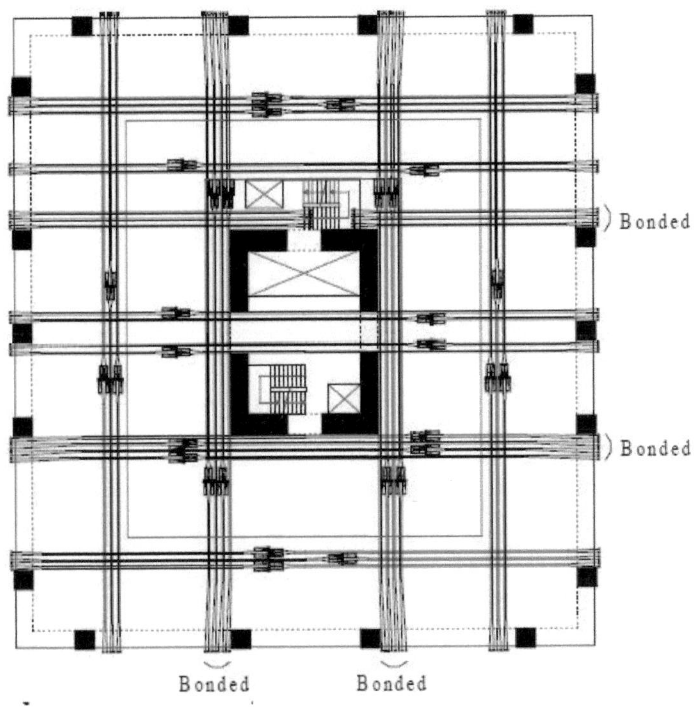

	Fixed Anchorage
	Stressing Anchorage

شکل ۷-۶- جانمایی شماتیک کابل ها در دال بتنی پس تنیده

۸- نماسازی در برج سوپرفریم

۸-۱- ضوابط ساختمانی نمای برج های بلند مرتبه

بر اساس، ضوابط ساختمانی کشور ژاپن نمای ساختمان با توجه به مشرف بودن به معابر عمومی از محدودیت های فنی خاصی تبعیت می کند.هد پنل که اغلب با ارتفاع یک طبقه از ساختمان اجرا می شود(به ارتفاع ۲,۵ الی ۳,۵ متر) دارای پهنای تا ٦ متر می باشد که می تواند درب یا پنجره را نیز در بر گیرد.

پنل که خود باید دارای مقطع سازه ای(اغلب بتن مسلح) باشد لازم است دارای اتصالات مفصلی (اغلب پیچ و مهره) باید به گونه ای به سازه ی ساختمان متصل گرددکه در صورت وقوع زلزله و تغییر شکل های زاویه ای ساختمان (اصطلاحاً دریفت) هر پنل با درز های میان آنها (اغلب حدود ۲ الی ۳ سانتی متر)که بویسله ی چسب اپوکسی پر می شوند نسبت به پنل های اطراف خود آزادانه جا به جا شده به طوریکه نه به پنل نه به کاشی ها و نه به در و پنجره ی مرتبط آسیبی وارد نشود و به صورت خلاصه پنل های نمای ساختمان به یکدیگر مقید نباشند.

۸-۲- مراحل ساخت پنل نما

هنگام ساخت پنل ها، کاشی ها در کف قالب شابلونی به صورت منظم چیده می شود و سپس بویسله ی ملات مخصوص که دارای مقاومت فشاری و کششی زیاد است با ضخامت حدود ۳ میلیمتر پشت کاشی ها پوشیده می شود.

این ملات مخصوص بند بین کاشی ها را نیز که اغلب ۵ میلیمتر در ٤ وجه آن است را پر کرده و تنها ۲ میلیمتر در سطح کاشی ها فرورفتگی ایجاد می کند. این ملات در مقابل تغییرات آب و هوا مقاوم می باشد.

با پوشش این ملات شبکه میلگرد در ملات قرار داده شده و پشت پنل با بتن پر می شود.ضخامت پنل ها مابین ۱۲ تا ۱۵ سانتی متر است. پس از نصب پنل در نمای ساختمان هرگونه عایق کاری و نازک کاری منطبق با ساختمان به آن اضافه می گردد.

در شکل ۸-۱- و ۸-۲- می توانید مراحل مختلف تولید پنل نما و پنل نصب شده روی ساختمان برج تجارت جهانی تبریز را مشاهده کنید . با استفاده از این نماها که به لحاظ اقتصادی از قیمت مناسب برخوردار بوده و بدون داشتن مشکلات مربوط به نصب داربست و صرف زمان اجرا می شوند، پرت مصالح و غیر صنعتی بودن نمای سنتی مرتفع شده و یک نمای اقتصادی، زیبا، با دوام و مقاوم در برابر زلزله تولید می گردد

شکل ۸-۱- و ۸-۲- مراحل تولید و نصب پنل های نمای ساختمان برج تجارت جهانی تبریز

۹- نتیجه گیری و جمع بندی

در این مقاله مفاهیم کلی و نکات طراحی و اجرایی سازه ی سوپرفریم RC همراه با میراگر های ویسکوز مورد بررسی قرار گرفت و تست های انجام گرفته بر روی سازه ی سوپر فریم برج شیبا پارک در توکیو و مقایسه ی آن با استاندارد های موجود مولفه های شتاب نگاشت و با دیگر سازه های متداول ضد زلزله انجام شد. همچنین مدل سازی ۳ بعدی سازه و تست های آن در شتاب نگاشت ال سنترو نیز در این مقاله آورده شده است.

با توجه به کلیت مباحث بحث شده در این مقاله می توان به این نتیجه رسید که با توجه به خطر نسبی بالای زلزله در کشور عزیزمان و صرفنظر از نیاز به دانش فنی روز برای طراحی و اجرای سازه های سوپر فریم این سازه ها از هر نظر انتخاب مناسبی برای ساخت ساختمان های بلند مرتبه در کشورمان می باشد.

همچنین این سازه ها همانطور که در این مقاله بحث شد سازه های سوپرفریم باعث به وجود آمدن انعطاف بالایی در طراحی معماری سازه دارد و با بهینه کردن فضاهای موجود در طبقات علاوه بر سهولت در اجرای تاسیسات برقی و مکانیکی امکان استفاده ی دلخواه از فضای آزاد و بدون ستون و دیوار را در هر طبقه به استفاده کنندگان می دهد .

پایان

Resources-------------------------- منابع

1. Seismic Design of a Super Frame structural system with passive energy Dissipation devices -- Yukihiro OMIKA[1], Tadashi SUGANO[2], Jun OHKAWA[3], Toshiyuki YOSHIMATSU[4], Yukimasa YAMAMOTO[5] And Yasukazu TSUJI 12WCEE 2000

2. "Structural Control for Large Earthquakes", Proceedings of the XIXth International Congress of Theoretical and Applied Mechanics, Kyoto, Japan, 25-31 August, pp.2-28.

3. "Earthquake Design of a 20 Story Reinforced Concrete Building", Proceedings of 5th WCEE, June, Vol.2, pp.1960-1969.

4. "Passive Seismic Response Controlled High-rise Building with High Damping Device", Earthquake Engineering and Structural Dynamics, Vol.24, pp.655-671.

5. "Design of 45-Story Reinforced Concrete Building with High-strength Materials", Structural Engineers World Congress, July, T205-2.

٦. سیستمهای میراگر جرمی تنظیم شده – مهدی وجودی – ۱۳۹۱

٧. بررسی عملکرد میراگرهای مایع تنظیم شده در جهت کنترل ارتعاشات لرزه ای سازه ای- حیدر زاده و مهندس زهرایی- ۱۳۹۱دانشگاه تهران

٨. کاربرد میراگرها در مقاوم سازی سازه ها- دکتر جعفر کیوانی-۱۳۸۹

٩. برج سوپرفریم پردیسان دکتر کمک پناه (۲۰۰٤) هفتمین سمینار بین المللی توسعه و ساخت ، بم

١٠. نماهای ساختمانی پانلی پیشرفته سرامیکی مقاوم در برابر زلزله – علی کمک پناه دانشگاه تربیت مدرس ، بخش مهندسی عمران